BEI GRIN MACHT SICH IHR WISSEN BEZAHLT

- Wir veröffentlichen Ihre Hausarbeit, Bachelor- und Masterarbeit

- Ihr eigenes eBook und Buch - weltweit in allen wichtigen Shops

- Verdienen Sie an jedem Verkauf

Jetzt bei www.GRIN.com hochladen und kostenlos publizieren

GRIN ☺

Teilbarkeit und Primzahlen. Einführung und Überblick

Holm Bergmann

Bibliografische Information der Deutschen Nationalbibliothek:

Die Deutsche Nationalbibliothek verzeichnet diese Publikation in der Deutschen Nationalbibliografie; detaillierte bibliografische Daten sind im Internet über http://dnb.d-nb.de abrufbar.

ISBN: 9783346421203
Dieses Buch ist auch als E-Book erhältlich.

Druck und Bindung: Books on Demand GmbH, Norderstedt Germany
Gedruckt auf säurefreiem Papier aus verantwortungsvollen Quellen

Das vorliegende Werk wurde sorgfältig erarbeitet. Dennoch übernehmen Autoren und Verlag für die Richtigkeit von Angaben, Hinweisen, Links und Ratschlägen sowie eventuelle Druckfehler keine Haftung.

Das Buch bei GRIN: https://www.grin.com/document/1023735

Universität Erfurt

Erziehungswissenschaftliche Fakultät

Fachbereich Mathematik

Teilbarkeit, Primzahlen und Zahlenkogruenzen

Teilbarkeit und Primzahlen

eingereicht von

Holm Bergmann

---

eingereicht am: 2021-03-22

Ort: Erfurt

Inhaltsverzeichnis

Abkürzungsverzeichnis

ggT	Größter gemeinsamer Teiler
kgV	Kleinstes gemeinsames Vielfaches
SuS	Schülerinnen und Schüler
KMK	Kultusministerkonferenz
LP	Lehrperson

1 Einleitung

„Das Wort Erfahrung soll zum Ausdruck bringen, daß das Lernen von Mathematik weit mehr sein muß als eine Entgegennahme und Abspeicherung von Informationen, daß Mathematik erlebt (möglicherweise auch erlitten) werden muß."[1]

Heinrich Winter

Im Mathematikunterricht werden Erfahrungen gesammelt und aufgebaut. Nach Heinrich Winter dient jedoch nicht das entgegengenommene und abgespeicherte Wissen der Mathematik, sondern mit Mathematik soll gelebt werden. Alltägliche Situationen und Vorgänge basieren auf mathematischen Zusammenhängen und sei es der Fahrplan der Deutschen Bahn. Die Lotterie basiert auf Stochastik, die Börsen geben Entwicklungen in Form einer Funktion wieder, der PC basiert auf Algorithmen zur Verarbeitung und selbst unsere Häuser sind oftmals zusammengesetzte Körper, die Teil der Geometrie sind. Doch eines liegt all diesen Bereichen zugrunde, die Zahlen in ihrer Beziehung zueinander. Zusammengefasst unter dem Aspekt der Teilbarkeit und Primzahlen bilden sie den Ausgangspunkt für die Mathematik und das Erleben von Mathematik, für das sich Heinrich Winter ausspricht. Als Beispiel kann hierzu ein Rechteck betrachtet werden, das z.B. für die Anzahl von Pixeln in einem rechteckigen Monitor steht. Rechtecke können nur durch zusammengesetzte Zahlen (Rechteckszahlen) dargestellt werden, da sie bei der Teilbarkeit durch bestimmte Zahlen keinen Rest lassen und damit in ein Verhältnis gebracht werden können. Ist die Anzahl der Pixel hingegen eine Primzahl, kann kein Monitor entstehen, denn dann könnte man, um die Pixel restlos aufzuteilen, diese nur in einer Linie anordnen. Doch um mit der Mathematik zu leben, muss diese erst einmal verstanden und abgespeichert werden, weshalb im ersten Teil dieser Hausarbeit die Teilbarkeit untersucht wird, anschließend die Primzahlen betrachtet werden und abschließend die Thematik auf Basis einer schulisch pädagogischen Sichtweise, mit einer exemplarischen Unterrichtsstunde analysiert wird.

---

[1] Winter, H. (1995). Mathematikunterricht und Allgemeinbildung. *Mitteilungen der Gesellschaft für Didaktik der Mathematik, 21*(61), 37-46. Abgerufen am März 20, 2021 von https://ojs.didaktik-der-mathematik.de/index.php/mgdm/article/view/69/80

2 Teilbarkeit

Die Teilbarkeitslehre für natürliche Zahlen, bietet ein weites Spektrum von mathematischen Themen, die bereits in der Grundschule sowie den Klassen 5 und 6 zum Einsatz kommt. Das Gebiet dient der Vertiefung der Einsicht in die Strukturen der natürlichen Zahlen und kann mengentheoretische, aussagelogische und zahltheoretische Aspekte miteinander verknüpfen. Ebenso dient es der Vorbereitung anderer Thematiken wie der Bruchrechnung, aber auch allgemein der Algebra. Im Folgenden werden verschiedene Teilbarkeitsregeln, das Berechnen des ggT und kgV sowie ein Verfahren zur Berechnung des ggTs thematisiert.

2.1 Ausgangspunkt der Teilbarkeit natürlicher Zahlen

Bereits ein wesentlicher Bestandteil des Mathematikunterrichtes in der Grundschule ist die Division mit möglichen Resten, die gleichzeitig Ausgangspunkt der Teilbarkeit ist, denn die 2 natürlichen Zahlen n und d bedingen die Zahlen v und r, welche eindeutig bestimmt werden können. Die Darstellung in Form $n = v \times d + r$ mit $0 \leq r \leq d$ nennt man Division von n durch d mit dem Rest r. Im Falle, dass der Rest $r = 0$ ist, sagt man: n ist durch d teilbar bzw. ist d Teiler n und schreibt d|n. Alle Teiler der Zahl n bilden eine Teilermenge T_n bei der gilt $T_1 = \{1\}$ oder falls $n > 1$ ist, gibt es mindestens zwei Teiler $T_n = \{1, n, ...\}$. Hat T_n nur 2 Teiler, also Eins und die Zahl selbst, so ist sie eine Primzahl. Ist hingegen $r \neq 0$ so sagt man n ist nicht durch d teilbar bzw. d ist kein Teiler von n und notiert $d \nmid n$.[2]

2.2 Teilbarkeitsregeln

Im Zahlenraum der natürlichen Zahlen $\mathbb{N}$ gelten verschiedene Teilbarkeitsregeln.[3] Diese werden jedoch vernachlässigt, da das Verständnis für die genannten mathematischen Ausdrücke noch nicht vorhanden ist. Stattdessen beschäftigt man sich z.B. mit der Endziffernregel oder Quersummenregel, die auf der selben Kernidee beruhen, jedoch simpler sind. Die zu untersuchende Zahl, mit ihrem auf der Teilbarkeit beruhenden Teiler t, wird durch eine möglichst kleine Zahl ersetzt, die nicht negativ kongruent ist und bei Division durch t den selben Rest lässt.[4]

---

[2] Vgl. Scheid , H. (1996). Elemente der Arithmetik und Algebra (3. Auflage Ausg.). Heidelberg, Berlin, Oxford: Spektrum. S. 17
[3] Siehe Anhang Teilbarkeitsregeln in $\mathbb{N}$
[4] Vgl. Padberg, F. (2008). Elementare Zahlentheorie (3. Auflage Ausg.). Heidelberg: Spektrum. S. 111, 162

Bei den Endziffernregeln betrachtet man im Dezimalstellensystem die letzten dezimalen Stellen einer Zahl. Diese geben nämlich Aufschluss darüber, ob eine Zahl durch 2, 4 oder 5 teilbar ist. Ist eine Zahl durch 2 teilbar, muss die letzte Ziffer ein Vielfaches oder gleich der 2 sein. Als Beispiel könnte man die 54 betrachten. Die letzte Ziffer ist die 4, Vielfaches der Zahl 2 und damit teilbar. Die Schreibung in Klasse 5 und 6 wäre also: „54 ist durch 2 teilbar, da 4 durch 2 teilbar ist."[5] und die höhermathematische Notation wäre 2|54. Analog dazu ist die Endziffernregel für die Zahl 5. Bei der Zahl 25, ist 5 durch 5 teilbar. Ebenso durch 5 teilbar ist die Zahl 30. Hierbei ist die 0 durch 5 teilbar, weil die Zahl 10 die Primteiler 2 und 5 hat und damit auch ihre Vielfachen wie die 30. Ähnlich ist die Endziffernregel für die Zahl 4 die voraussetzt, dass die letzten zwei Dezimalstellen einer natürlichen Zahl durch 4 teilbar sind. Ist dies der Fall, so muss die gesamte Zahl durch 4 zu dividieren sein, weil die Zahl 100 oder ihre Vielfachen durch 4 teilbar sind ($a \times 100 = a \times 4 \times 25$). Beispiel für die Endziffernregel für die 4 ist die Zahl 112, da 12 ein Vielfaches von 4 ist.

Um zu überprüfen, ob eine Zahl durch 3 bzw. 9 teilbar ist, empfiehlt es sich, das Verfahren der Quersummenregel zu nutzen. Eine Quersumme bildet sich durch die Addition jeder Dezimalstelle. Die Quersumme von 143 kann man wie folgt berechnen: $1 + 4 + 3 = 8$. Wenn die Zahl durch 3 teilbar ist, so ist auch ihre Quersumme durch 3 teilbar. Gleiches gilt für die Teilbarkeit mit 9. Ein Beispiel wäre die Zahl 99. Die Quersumme der Zahl 99 ist $9 + 9 = 18$ und 18 ist sowohl durch 9 teilbar ($18 \div 9 = 2$) als auch durch 3 teilbar ($18 \div 3 = 6$) und damit folglich auch die Zahl 99.

Auch die Teilbarkeit z.B. für die Zahlen 6 oder 8 können mit den Endziffern- und Quersummenregeln auf ihre Teilbarkeit überprüft werden.[6]

2.3 Teilen mit Rest, der Euklid Algorithmus

Natürliche Zahlen außer 1 haben mindestens 2 Teiler. Bei der Betrachtung von 2 natürlichen Zahlen wird im Folgenden der Fokus auf die Teiler der zwei Zahlen gelegt. Ausgehend von der Einführung des ggT, geht es über ein elegantes Verfahren, um den ggT zu bestimmen über zum kgV.

---

[5] Meinholdt, M., & Sanzenbacher, C. (2009). Mathematik Realschule 6. Schuljahr. Stuttgart: Klett. S. 18 f. Abgerufen am 20. 3 2021 von
https://books.google.de/books?id=x0VjCAAAQBAJ&lpg=PP1&hl=de&pg=PA21&redir_esc=y#v=onepage&q&f=false
[6] Siehe Anhang Endziffern- und Quersummenregeln

2.3.1 Der größte gemeinsame Teiler

Der größte gemeinsame Teiler auch kurz ggT von zwei natürlichen ganzen Zahlen n und g, die nicht beide gleich Null sind, ist definiert als das größte Element der Schnittmeng $T_n \cap T_g$. Dabei ist der ggT stets wieder eine natürliche Zahl, wegen $1|n$ und $1|g$ gilt $d \geq 1$. [7]

Doch betrachten wir zuerst die Teilermenge. Um die Teilermenge einer natürlichen Zahl n zu bestimmen, betrachtet man diese wie folgt: $d|n$ und $d \times c = n$ mit $c = \frac{n}{d} \in \mathbb{N}$ dann gilt auch $c|n$. Damit sind c und d komplementäre Teiler von n. Die Teilermenge ergibt sich also aus jeder möglichen Zahl d mit ihrem komplementär Teiler $c = \frac{n}{d}$. Die Notation kann nach dem Komplementärteilerschema in Tabellenform erfolgen. [8]

Betrachten wir nun die zwei Zahlen 18 und 24. Die Teilermengen beider Zahlen sind: $T(18) = \{1, 2, 3, 6, 9, 18\}$; $T(24) = \{1, 2, 3, 4, 6, 8, 12, 24\}$. Damit sind die gemeinsamen Teiler von 18 und 24 die Zahlen 1, 2, 3 und 6 und man notiert $T(18) \cap T(24) = \{1, 2, 3, 6\}$. Wie man sehen kann sind alle Teiler kleiner oder maximal gleich der Zahlen 18 und 24, was allgemein gültig ist und die Teilermenge endlich macht. Um nun den ggT abzulesen, nimmt man die größte Zahl in beiden Teilermengen, also in diesem Beispiel die Zahl 6. Es kann jedoch auch vorkommen, dass zwei Zahlen als gemeinsamen Teiler nur die Zahl 1 haben. Die Zahl 1 ist stets Teiler einer natürlichen Zahl und muss daher vorhanden sein, woraus folgt: $1 \in T(n) \cap T(g)$, womit die Menge $T(n) \cap T(g)$ nie leer sein kann. Ist 1 der einzige Teiler, nennt man die Zahlen teilerfremd und man schreibt $ggT(n, g) = 1$.

Anschließend an den ggT zweier ganzer Zahlen wird nun der Begriff des kleinsten gemeinsamen Vielfachen betrachtet.

2.3.2 Das kleinste gemeinsame Vielfache

Unter dem gemeinsamen Vielfachen zweier ganzer Zahlen a und b versteht man jede Zahl c, die sowohl durch a als auch durch b teilbar ist. Ein Beispiel hierfür ist $c = 12$ als gemeinsames Vielfaches der Zahlen $a = 3$ und $b = 4$. Damit ist c ein Vielfaches von a ($V_a = \{a, 2a, 3a, \dots\}$)und b ($V_b = b, 2b, 3b, \dots$). Die gemeinsamen Vielfachen von a und b sind durch die Schnittmenge $V_a \cap V_b$ mit $a, b \in \mathbb{N}$ definiert. Die kleinste Zahl dieser Schnittmenge ist das kleinste gemeinsame Vielfache, kurz kgV genannt, von a und b und wird

---

[7] Vgl. Padberg, F. (2008). Elementare Zahlentheorie (3. Auflage Ausg.). Heidelberg: Spektrum. S. 77

[8] Vgl. Scheid, H., & Schwarz, W. (2008). Elemente der Arithmetik und Algebra (5. Auflage Ausg.). Heidelberg: Spektrum. S. 6-7

formal geschrieben $kgV(a, b)$. Damit sind alle gemeinsamen Vielfache von den Zahlen a und b auch ein Vielfaches des kgV(a,b), also $V_a \cap V_b = V_{kgV(a,b)}$. Ist jedoch $a = 0$ oder $b = 0$, so ist das kgV ebenfalls 0. Zur Berechnung des kgV zweier Zahlen kann man mithilfe des ggT's und dem Wissen über Bruchrechnung über folgende Formel leicht ein Ergebnis erzielen: $kgV(a, b) = \frac{a \times b}{ggT(a,b)}$.[9]

2.3.3 Der euklidische Algorithmus

Unter Nutzung des euklidischen Algorithmus ist der ggT zweier Zahlen ohne Verwendung der Primfaktoren leicht zu bestimmen. Dieses Verfahren beruht auf der wiederholten Division mit Rest und endet, wenn erstmals bei der Division der Rest 0 erscheint. Der letzte von 0 verschiedene Rest ist der ggT. Nimmt man als Beispiel die Zahlen 17 und 5, also dividiert die 17 durch 5, so bleibt ein Rest von 2. Aus der Grundschule ist bereits bekannt, dass man dies folgendermaßen schreiben kann: $17 \div 5 = 3 \, Rest \, 2$. Nun sollen die SuS jedoch eine andere Notation verwenden, nach der statt Rest 2, Plus 2 geschrieben wird. Die Ausgangsgleichung für das Paar 17 und 5 ist wie folgt $17 = q \times 5 + r$, womit ein anderes Paar q und r existieren muss. Das offensichtlichste Paar ist (3, 2), doch wären ebenso die Paare (2, 7), (1, 12) und (-1, 22) möglich. Es folgt eine zusätzliche Einschränkung, nach der $0 \leq r < 5$ ist und nur noch die Lösung (3, 2) zugelassen wird. Die Eindeutigkeit der Division mit Rest wird auch wie folgt definiert: „Für alle $a, b \in \mathbb{N}$ gibt es genau ein Paar $q, r \in \mathbb{N}_0$, so dass gilt: $a = q \times b + r$ mit $0 \leq r < b$.".[10] Um aber auch den ggT zu bestimmen bedingt es eine weitere Tatsache festzustellen, nämlich $ggT(a, b) = ggT(r, b) = ggT(a - q \times b, b)$.[11] Nun kann man eine abbrechende Kette von Gleichungen aufstellen mit der Ausgangsgleichung $a = q_1 \times b + r_1$. Im folgenden ändern die Koeffizienten von der Stelle b und r_1 ihre Positionen in der nächsten Gleichung und es ergibt sich folgendes Schema:

$$a = q_1 \times b + r_1 \qquad\qquad 0 \leq r_1 < b$$
$$b = q_2 \times r_1 + r_2 \qquad\qquad 0 \leq r_2 < r_1$$
$$r_1 = q_3 \times r_2 + r_3 \qquad\qquad 0 \leq r_3 < r_2$$
$$\vdots$$
$$r_{n-1} = q_{n+1} \times r_n + r_{n+1} \qquad\qquad 0 \leq r_{n+1} < r_n$$

---

[9] Vgl. Scheid , H. (1996). Elemente der Arithmetik und Algebra (3. Auflage Ausg.). Heidelberg, Berlin, Oxford: Spektrum. S. 31 f.

[10] Padberg, F. (2008). Elementare Zahlentheorie (3. Auflage Ausg.). Heidelberg: Spektrum. S. 82

[11] Vgl. Padberg, F. (2008). Elementare Zahlentheorie (3. Auflage Ausg.). Heidelberg: Spektrum. S. 81 f.

$r_n = q_{n+2} \times r_{n+1} + 0$.

Mit dem euklidischen Algorithmus und simplen mathematischen Kenntnissen kann man schnell und einfach den SuS Aufschluss über die Berechnung des größten gemeinsamen Teilers geben, der z.b. beim Kürzen von Brüchen notwendig ist.

Um das Verfahren besser kenntlich zu machen nun nochmal an einem konkreten Beispiel der Zahlen $a = 87$ und $b = 51$

$87 = 1 \times 51 + 36$ $\qquad\qquad$ $0 \leq 36 < 51$

$51 = 1 \times 36 + 15$ $\qquad\qquad$ $0 \leq 15 < 36$

$36 = 2 \times 15 + 6$ $\qquad\qquad$ $0 \leq 6 < 15$

$15 = 2 \times 6 + 3$ $\qquad\qquad$ $0 \leq 3 < 6$

$6 = 2 \times 3 + 0.$

Da der letzte von 0 verschiedene Rest der ggT ist, resultiert $ggT(87, 51) = 3$.

3 Primzahlen

Primzahlen sind ein wesentlicher Bestandteil der Mathematik. Jede natürliche Zahl kann durch Primzahlen dargestellt bzw. in sie zerlegt werden, womit sie den Ausgangspunkt für die Zahlen bilden. Angefangen mit der Definition einer Primzahl folgt eine Begründung warum die Zahl 1 nicht als Primzahl zugelassen wird. Anschließend folgt die Primfaktorzerlegung und ihre Anwendung zur Berechnung von ggT und kgV über den Unendlichkeitsbeweis von Euklid hin zum Primzahlsieb des Erastotelkes.

3.1 Definition Primzahl

Primzahlen sind in der Menge der natürlichen Zahlen enthalten und haben die Eigenschaft, dass sie nur durch eins und sich selbst restlos teilbar sind. Die Zahl 2 bildet die kleinste Primzahl und ist die einzige gerade Primzahl, da jede andere gerade Zahl ein Vielfaches der 2 ist, mindestens 3 Teiler hat und damit im Widerspruch zu den Primzahlen steht. Formal gilt also, dass eine Zahl eine Primzahl ist, wenn $T(a) = \{1; p\}$ gilt bzw. die Mächtigkeit der Teilermenge $|T(p)| = 2$ ist.

3.2 Die Zahl 1 ist keine Primzahl

Die Aussage, die Zahl 1 ist keine Primzahl, ist per Definition richtig. Historisch betrachtet zählte die Zahl jedoch auch einmal zu den Primzahlen. Mittlerweile ist sie weder eine Primzahl noch eine zusammengesetzte Zahl, da sie nur einen Teiler hat, sich selbst. Wäre sie eine Primzahl, würde man einen Widerspruch im Fundamentalsatz der elementaren Zahlentheorie erzeugen, denn dann würden die Primzahlen auch zusammengesetzte Zahlen sein wie z.B. $19 = 19 \times 1$ oder $23 = 23 \times 1$ und die Darstellung wäre nicht eindeutig, da man auch schreiben könnte $19 = 19$.

3.3 Primfaktorzerlegung

Aus der vorigen Erkenntnis, dass jede natürliche Zahl durch Primzahlen darstellbar ist, wird im Folgenden bei der Primfaktorzerlegung das Pendant untersucht, also die Zerlegung einer zusammengesetzten Zahl in ihre Primfaktoren. Dies kann genutzt werden, um den ggT und das kgV von zwei oder mehr Zahlen zu bestimmen.

3.3.1 Primfaktorzerlegung

Die Primfaktorzerlegung einer natürlichen Zahl $n > 1$ ist nach dem Hauptsatz der Arithmetik eine eindeutige Darstellungsmöglichkeit. Die zu untersuchende Zahl n wird in möglichst kleine von 1 verschiedene Faktoren zerlegt und lässt sich daher als Produkt aus Primzahlen darstellen. Damit ist die Zahl n darstellbar in Form $n = a \times b$ mit $1 < a, b < n$. Ist a auch eine zusammengesetzte Zahl, so gilt $a = d \times k$ und damit auch $n = d \times k \times b$. Unter dieser Annahme können die Faktoren d, k und b in weitere Faktoren zerlegt werden, bis schließlich endlich viele unzerlegbare Faktoren auftreten. Untersucht man die Zahl 360 kann man diese in unterschiedlicher Rheinfolge durch 10, 2, 3, 5 und viele mehr teilen. Diese Operation führt man für jeden Faktor so oft wie möglich aus, denn der kleinste von 1 verschiedene Teiler ist stehts eine Primzahl.[12] Es folgt, dass die Reihenfolge der Faktoren zwar nicht eindeutig ist, jedoch ihre Primfaktorzerlegung, die zusammengefasst folgendes ergibt: $360 = 2^3 \times 3^2 \times 5^1$ oder wie man in den Klassen 5 und 6 schreiben würde: $360 = 2 \times 2 \times 2 \times 3 \times 3 \times 5$.[13]

3.3.2 ggT und kgV Berechnung anhand der Primfaktorzerlegung

Anhand der Primfaktorzerlegung lassen sich viele Eigenschaften von Zahlen ablesen, z.B. die Bestimmung des ggT und des kgV. Der ggT von zwei oder mehr Zahlen lässt sich durch das Produkt aller gemeinsam vorkommenden Primzahlen mit ihrer größtmöglichen Potenz berechnen. Die Notation wäre für die natürlichen Zahlen a und b, in ihrer kanonischen Primfaktorzerlegung, mit ihren Primpotenzen α und β: $ggT(a, b) = p_1^{\min(\alpha_1, \beta_1)} \times p_2^{\min(\alpha_2, \beta_2)} \times p_3^{\min(\alpha_3, \beta_3)} \times ....$, wobei $\min(\alpha_i, \beta_i)$ das Minimum der Zahlen α_i und β_i bedeutet. Entgegen dazu wird das kgV aus allen vorkommenden Primzahlen in ihrer höchsten vorkommenden Potenz gebildet. Dabei gilt: $kgV(a, b) = p_1^{\max(\alpha_1, \beta_1)} \times p_2^{\max(\alpha_2, \beta_2)} \times p_3^{\max(\alpha_3, \beta_3)} \times ....$, wobei $\max(\alpha_i, \beta_i)$ das Maximum der Zahlen α_i und β_i bedeutet.[14]

---

[12] Vgl. Padberg, F. (2008). Elementare Zahlentheorie (3. Auflage Ausg.). Heidelberg: Spektrum. S. 63 f.
[13] Vgl. Scheid, H., & Frommer, A. (2006). Zahlentheorie (4. Auflage Ausg.). Heidelberg, Berlin: Springer Spektrum. S. 12 f.
[14] Vgl. Scheid, H., & Schwarz, W. (2008). Elemente der Arithmetik und Algebra (5. Auflage Ausg.). Heidelberg: Spektrum. S. 27 f.

3.4 Primzahlsieb des Erastotelkes

Wollte man alle Primzahlen in einem bestimmten Zahlenraum herausfinden und würde jede auf die Definition der Primzahlen testen, wäre dies ein sehr mühsames Unterfangen. Nützlicherweise wurde bereits vor rund 2200 Jahren also etwa um 284 bis 200 v.chr. ein Verfahren entwickelt, um diesen Prozess effektiv zu gestalten. Erfunden wurde dieses Verfahren von einem griechischen Mathematiker namens Erastotelkes der namengebend ist. [15]

Bei diesem Verfahren ist die Anordnung der Zahlen in einem festgelegten Zahlenraum relativ egal, wobei z. B. die Anordnung in 10er Spalten möglich ist. Zu Beginn wird die Zahl 1 weggestrichen, da sie keine Primzahl ist, wie bereits festgestellt wurde. Danach betrachtet man die Zahl 2. Diese ist eine Primzahl, ihre Vielfachen jedoch nicht. Dementsprechend kann man alle Vielfachen bzw. geraden Zahlen wegstreichen. Die Menge der Zahlen die man betrachtet reduziert sich hierbei um die Hälfte. Nachfolgend nimmt man die nächst größere Zahl, die nicht gestrichen wurde, also die Zahl 3, und streicht ebenfalls alle Vielfachen von ihr. Dabei streicht man jede dritte Zahl ausgehend von der 3. Dieser Prozess wird nun immer wieder angewendet und endet wenn $n > \sqrt{N}$ gilt. Das bedeutet, dass die Grenze der Zahlen, bis zu denen dieser Prozess anhält, größer ist als die Wurzel aus der Menge N. Am Beispiel wäre also der Zahlenraum von 100 zu untersuchen und man würde bis zu der Zahl 11 fortfahren und damit die o.g. Bedingung erfüllen. Anwenden kann man diesen Prozess ohne Probleme in den Klassen 5 und 6. Dabei sollte aber darauf geachtet werden, dass die Kinder noch keine Wurzelrechnung beherrschen und daher eine Grenze vorgegeben ist.

Ebenso mit vorgegebener Grenze ist das Sieb des Erastotelkes in einer 6er Reihe anwendbar, bei der die Zahl 1 eine separate Reihe hat. Bei dieser Darstellungsform kann man alle Zahlen unterhalb der Zahlen 2, 3, 4 und 6 streichen. Zusätzlich streicht man die Zahlen 4 und 6 und noch alle Vielfachen der Zahl 5, welche diagonal angeordnet sind, weg. Damit kann dem Schüler gezeigt werden, dass Primzahlen größer als 3 nur in 2 Reihen vorkommen können, also unterhalb der Zahl 5 und der Zahl 7. Als Begründung kann dienen, dass alle Primzahlen Vorgänger bzw. Nachfolger der Zahl 6 sind. Höhermathematisch ausgedrückt bedeutet dies, dass alle Primzahlen größer als 3 in der Form $6 \times n - 1$ oder $6 \times n + 1$ mit $n \in \mathbb{N}$ darstellbar sind. Die Umkehrung dieses Satzes ist jedoch nicht möglich, da dieser dann auch zusammengesetzte Zahlen zulassen würde wie z.B. $4 \times 6 + 1 = 25$.[16]

---

[15] Vgl. Padberg, F. (2008). Elementare Zahlentheorie (3. Auflage Ausg.). Heidelberg: Spektrum. S. 41f.
[16] Vgl. Ebd.

4 Bedeutung für die mathematische Allgemeinbildung

Der Mathematikunterricht ist eines der zentralen Fächer, die den Schüler mit Beginn der Grundschule bis hin zu dem anvisierten Abschluss begleiten. Dabei ist die Teilbarkeitslehre und das Wissen über Primzahlen Bestandteil der fachlichen Bildung, die das grundlegende Verständnis für weitere mathematische Themen wie die Bruchrechnung, als Teil der Algebra, und in Folge dessen das Kürzen bildet sowie den Umgang mit Zahlen erleichtern soll. Dazu muss nach Bestimmung der Ausgangslage bzw. des Vorwissens der Kinder mithilfe geeigneter Materialien und Unterrichtsentwürfen fachliches Wissen aufgebaut und Kompetenzen weiterentwickelt werden.

4.1 Ausgangslage zu Beginn der 5. Klasse

Der Schwerpunkt in der Grundschule liegt vor allem auf der Vermittlung grundlegender Rechenarten. Während der Behandlungen der Grundrechenoperationen Addition, Subtraktion, Multiplikation und Division werden bereits verschiedene Darstellungsmöglichkeiten aufgezeigt, wie z.B. die Rechenpyramiden, Stellentafeln oder Rechenhäuser und die Zerlegung von Zahlen. Ebenso sollten die SuS mit dem Aufbau des dezimalen Stellenwertsystems im Zahlenraum bis eine Million vertraut sein und Zahlen auf verschiedene Weise darstellen und zueinander in Beziehung setzen können. Die Anwendung könnte mit Sachaufgaben verbunden werden, die dem Schüler geläufig sein sollten und auf die Plausibilität des Ergebnisses geprüft werden können. Ebenso sind gebräuchliche einfache Bruchzahlen und die Erhebung von Daten aus Diagrammen, Tabellen oder Schaubildern thematisiert worden. Auch das räumliche Vorstellungsvermögen von geometrischen Körpern und Figuren durch das Legen von Rechtecken durch Vierecke und verschiedene Netze wie das Würfelnetz wurden behandelt. Mit dem Vorwissen der wesentlichen Rechenarten, Rechengesetzen und dass Zahlen in andere kleinere Zahlen zerlegt werden können, kann in den Klassen 5 und 6 weiter gearbeitet werden, wobei sich das inhaltliche Anforderungsniveau erhöht, bereits Einblicke in größere mathematische Zusammenhänge und ein Bewusstsein für die dahinterstehende Thematik entwickelt werden soll.[17]

---

[17] Vgl. Beschlüsse der Kultusministerkonferenz, Bildungsstandart im Fach Mathematik für den Primarbereich (Jahrgangsstufe 4) vom 15.10.2004, Abgerufen am März 8, 2021 von https://www.kmk.org/fileadmin/Dateien/veroeffentlichungen_beschluesse/2004/2004_10_15-Bildungsstandards-Mathe-Primar.pdf

4.2 Exemplarische Unterrichtsstunde

Als Voraussetzung für die "Weiterarbeit" im Fachbereich Mathematik muss der Lehrer zuerst eine Bedingungsanalyse durchführen. Hierzu versucht man die Klassensituation zu erfassen, um herauszufinden wie das Klassenklima ist, die Lernbedingungen sind und welche Methoden für den Unterricht effektiv sind. Auch die Lernvoraussetzungen und Barrieren werden ermittelt, um ggf. individuell auf Schüler eingehen zu können und auffällige Schüler zu eruieren. Formale Aspekte wie die Anzahl an Schülern oder die Klassenstufe finden bei der Bedingungsanalyse ebenso Beachtung wie die Rahmenbedingungen, beispielsweise der Stundenplan oder die räumliche Situation. Ziel der Analyse ist es u.a. eine effektive Förderung zu ermöglichen, Lernproblemen vorzubeugen und das Erfassen der Lernleistungsfähigkeit sowie einen seelischen Anknüpfungspunkt für den Unterricht und die Erziehung zu finden. Nachdem sich die Lehrperson einen Überblick verschafft hat, kann in die Thematik eingestiegen werden. Als Übergang von der Teilbarkeitslehre zu den Primzahlen ist eine exemplarische Unterrichtsstunde geplant.

Der Inhalt der Unterrichtsstunde ordnet sich in den fachwissenschaftlichen Bereich der Arithmetik als Teil der Naturwissenschaft ein und ist ebenso als Teil der Arithmetik bzw. Algebra im Lehrplan enthalten.

Ziel der Unterrichtsstunde ist es, Primzahlen, ihre Definition und das Primzahlsieb des Erastotelkes zu vermitteln. Nach Möglichkeit wird bereits die Primfaktorzerlegung eine Rolle spielen. In den nachfolgenden Unterrichtseinheiten sollen die SuS die Berechnung des ggT und kgV anhand der Primfaktorzerlegung erlernen, um anschließend das Thema Primzahlen vollständig zu behandeln. Lernziel der Unterrichtsstunde für die Schüler ist es den Zusammenhang der Teilbarkeit und den Primzahlen zu erkennen, Fachbegriffe wie Primzahl und Primfaktorzerlegung zu verstehen und sich zunutze zu machen, vorgegebene und eigene Rechenstrategien zu entwickeln und anzuwenden sowie das Sieb des Erastotelkes zu verstehen. Das übergeordnete Lernziel der Stunde lässt sich in verschiedene Feinziele zerlegen. Die kognitiven Ziele sind Kenntnisse über die Begrifflichkeiten zu besitzen , welche verstanden und nutzbar gemacht werden sollen und diese so weiterzuentwickeln, dass die SuS diese mit eigenen Worten erklären können. Unter der Anwendung, als Teil der kognitiven Ziele, soll erklärt werden, wie man vorgeht, um Primzahlen zu identifizieren und wie man zusammengesetzte Zahlen in Primzahlen zerlegt. Ziel der Analyse ist es, das die SuS zwischen verschiedenen Vorgehensweisen des Rechnens differenzieren können und bei der Synthese verstehen, dass die Zerlegung von Zahlen im Umkehrschluss mit der Multiplikation einhergeht.

Zur Beurteilung kann der Schüler/ Schülerin Mitschülern ein Feedback geben und dies auch begründen, also einschätzen, ob und warum etwas richtig bzw. falsch ist . Als psychomotorischen Ziel wird angestrebt, dass der Schüler den vom Lehrer vorgegebenen Rechenweg imitiert. Gleiches gilt bei der Manipulation. Die Präzisierung zielt darauf ab, dass das Primzahlsieb und die Primfaktorzerlegung ohne Probleme auch bei schwierigeren Aufgaben bewältigt werden können. Ebenso können die SuS verschiedene Rechenwege und Verfahren beurteilen und je nach Situation anwenden. Ziel ist es bei der Naturalisierung die Primfaktorzerlegung zu internalisieren. Affektives Ziel wie die Wertebeachtung ist es, dass das Kind Fehler bemerkt und entwickelt Wertebeantwortung bei der Problemlösung. Bei der (Be-)Wertung können die SuS individuell entscheiden, welchen Rechenweg sie anwenden wollen. Dabei spielt weder die Schwierigkeit noch die Länge eines Rechenwegs eine Rolle. Ziel der Wertverinnerlichung ist es, dass die SuS individuell den optimalen Lösungsweg für sich selbst erkennen und anwenden, dabei für entstehende Probleme eine Lösung finden und ein Ergebnis zu erzielen. Die Überprüfung der Lernziele kann durch Hausaufgaben und Testate erfolgen, wozu der Lehrer einen Erwartungshorizont erstellt. Neben den Feinzielen sollte auch eine Verlaufsplanung mit didaktischen Prinzipien erstellt werden, die nachfolgend chronologisch betrachtet wird.

Zu Beginn der Unterrichtsstunde ist nach der Begrüßung eine Wiederholung der Teilbarkeit vorgesehen. Die Schüler sollen Beispiele und Gegenbeispiele für die Teilbarkeit durch die Zahlen 2, 3, 4 usw. finden, die im Unterrichtsgespräch gesammelt werden. Anschließend soll der Übergang zu den Primzahlen gestaltet werden. Zur Motivierung sollte die LP sich einen Einstieg in diese Erarbeitungsphase überlegen, der einen Lebensweltbezug zur Erfahrungsweilt der Kinder herstellt. Als Hinführung zur Thematik wird ein Arbeitsblatt[18] verwendet, das mithilfe einer Geschichte die Motivation steigern soll. Während ein Schüler oder eine Schülerin die Geschichte vorliest, verfolgen die anderen die Geschichte durch Mitlesen. Anschließend sollen die SuS Aufgabe 1 in Einzelarbeit bearbeiten. Hierbei soll eine Problematisierung und Erarbeitung stattfinden, bei der durch entdeckendes Lernen die Schüler selbst aktiv werden. Nach der Bearbeitung ist das Sammeln der Ergebnisse an der Tafel zur Veranschaulichung (Ergebnissicherung) und Erfolgsbestätigung vorgesehen. Zur Teilsicherung der Erarbeitung und um ein Verständnis für die Thematik zu bekommen, wird Aufgabe 2 im Unterrichtsgespräch bearbeitet. Dabei kann, falls erforderlich, der Lehrer einen Impuls

---

[18] Siehe Anhang Arbeitsblatt 1

geben, indem er konkret nach den Kreuzen an den Stallungen fragt. Voraussetzung ist, dass die Schüler bereits mit den Teilern und der Teilbarkeit vertraut sind, da dieses Vorwissen aufgegriffen werden. Die SuS sollen daraufhin herausarbeiten, warum die verbliebenen Zahlen nur zwei Kreuze haben und warum andere Stallungen mehr als zwei Kreuze haben. Mit der Begründung, dass die Teilermenge der entscheidende Faktor ist, wird gleichzeitig implizit der Primzahlbegriff eingeführt. Das wird daraufhin durch die Lehrperson vermittelt und die Primzahl-Definition[19] wird in den Hefter übernommen. Zur Festigung/Übung wird nachfolgend noch ein Arbeitsblatt[20] in Gruppen bearbeitet, bei der die SuS Primzahlen mithilfe der vorherigen Definition von zusammengesetzten Zahlen unterscheiden sollen. Nach der Bearbeitung werden die Ergebnisse im Unterrichtsgespräch verglichen und Fehler besprochen. Hierbei sollten vorrangig die SuS die Fehlerdetektive sein. Zur Abrundung soll, geführt durch die Lehrperson, die Geschichte aufgegriffen und mit dem Primzahlbegriff erneut begründet werden, dass alle Stallungen an denen Primzahlen sind, geeignet wären, um am nächsten Tag Auslauf zu bekommen. Im Anschluss wird ein Verfahren eingeführt, um Primzahlen zu bestimmen. Dies geschieht durch einen kurzen Lehrervortrag, bei dem ein historischer Abriss über den Erfinder stattfindet, aber auch die Methode erklärt wird. Daraufhin sollen die Schüler das 3. Arbeitsblatt[21] bearbeiten, um die Methode anzuwenden und zu verinnerlichen. Angeschlossen wird wieder ein Vergleich, bei dem die Schüler Ergebnisse vorstellen und bei Fehlern sich ggf. gegenseitig korrigieren, aber auch durch die Lehrperson aufgeklärt werden können. Wenn das Zeitlimit es zulässt, kann die Primfaktorzerlegung thematisiert werden. Instruiert durch den Lehrer und mit dem Vorwissen der Teiler und nun auch Primzahlen kann die Definition der Primfaktorzerlegung angesprochen und daraufhin ein Arbeitsblatt[22] bearbeitet werden. Am Ende der Unterrichtseinheit ist ein Resümee vorgesehen, welches auch zur Sicherung dient, und es werden Ausblicke gegeben, dass die Primfaktorzerlegung zur Berechnung von ggT und kgV sowie der Vergleich der Aufgaben in der nächsten Stunde stattfindet. Damit schließt der Lehrer die Unterrichtsstunde.

Während der Unterrichtsstunde kann es durchaus zu Schwierigkeiten kommen. Möglich wäre, dass die SuS den Zusammenhang zwischen der Teilbarkeit und den Primzahlen nicht verstehen oder bereits Defizite im Bereich der Teilbarkeit hatten, die nicht aufgeholt wurden.

---

[19] Siehe Anhang Definition Primzahl
[20] Siehe Anhang Arbeitsblatt 2
[21] Siehe Anhang Arbeitsblatt 3
[22] Siehe Anhang Arbeitsblatt 4

Daraus würde folgen, dass die Schülerinnen und Schüler verunsichert sind, Fehler nicht erkennen oder gar, sei es durch Lustlosigkeit oder anderes, abschalten und nur passiv am Unterrichtsgeschehen teilnehmen. Daher sollten Defizite vom Lehrer schnellst möglich erkannt und mittels geeigneter Strategien beseitigt werden. Durch Aufforderung seine Ergebnisse vorzustellen, kann das Kind aktiviert werden und nach Möglichkeit auch eine Erfolgsbestätigung erfahren, die die Motivation für das Fach steigern könnte. (Erfolg vorausgesetzt!) Auch bei der geplanten Gruppenarbeit könnte die Konzentration in Bezug auf das Thema nachlassen. Hierbei kann der Lehrer jedoch reihum gehen und anderweitige Gespräche unterbinden, aber auch als Lernbegleiter aktiv Unterstützung bieten). Eine andere Schwierigkeit könnte sein, das das neu vermittelte Wissen nicht verstanden wurde, in Folge die Strategien fehlen und das Kind mit der Thematik überfordert ist. Im Unterrichtsgespräch sollen daher mögliche Fragen stets geklärt werden. Die LP sollte bestrebt sein, ein angstfreies Klima zu schaffen, damit der größtmögliche Lernzuwachs erzielt werden kann.

4.3 Synergieeffekt und Weiterentwicklung von Kompetenzen

Basis jeden Mathematikunterrichtes bilden der Lehrplan und die KMK Beschlüsse zu den Bildungsstandards. Neben inhaltlichen Vorgaben werden auch Kompetenzen in den Bereichen Sach-, Selbst-, Sozial und Methodenkompetenz angegeben, die erlernt und gefördert werden sollen. Vom Thüringer Ministerium für Bildung, Jugend und Sport wurde 2018 ein Lehrplan für den Erwerb der allgemeinen Hochschulreife für das Fach Mathematik entwickelt, der zum Schuljahr 2019/20 in Kraft trat und sich an den Bildungsstandards für den Mittleren Schulabschluss und die Allgemeine Hochschulreife orientiert.

Verbunden mit der oben beschriebenen Unterrichtsstunde werden bereits einige der im Lehrplan enthaltenen Kompetenzen der Klassenstufen 5 und 6 im Bereich der Arithmetik und Algebra abgedeckt und gefördert. Im Bereich der Sachkompetenz wird anvisiert, Teiler und Vielfache natürlicher Zahlen zu bestimmen, die Teilbarkeit mithilfe der Teilbarkeitsregeln durchzuführen, das Kopfrechnen zu beherrschen, Primzahlen zu nennen und zu erkennen, ein Verfahren zur Bestimmung von Primzahlen anzuwenden sowie die Grundrechenoperationen im Bereich der natürlichen Zahlen im Kopf und schriftlich auszuführen. Eine weitere Kompetenz ist die Methodenkompetenz. Innerhalb dieser ist das Ziel der Unterrichtsstunde mithilfe von arithmetischen Begriffen mathematisch zu argumentieren und Probleme mathematisch zu lösen und mit formale Elemente der Mathematik umzugehen. Der letzte Punkt ist die Selbst- und Sozialkompetenz. Die SuS sollen Ergebnisse der Primfaktorzerlegung kritisch bewerten können, zwischen Partner und Einzelarbeit differenzieren, Lösungswege anderer Schüler nachvollziehen, Verantwortung für den gemeinsamen Arbeitsprozess übernehmen, Ergebnisse selbstständig mit vorgegebener Lösung vergleichen, Fehler erkennen und berichtigen und mit Erfolg und Misserfolg umgehen können.[23]

Neben den Kompetenzen soll der Mathematikunterricht aber auch allgemeinbildend sein. Die SuS sollen drei Grunderfahrungen erwerben, die sie in ihren Kompetenzen steigern soll. Sie sollen Vorgänge und Erscheinungen mithilfe der Mathematik wahrnehmen, nachvollziehen und mathematische Zusammenhänge ableiten, die sich in der Natur, Gesellschaft oder Kultur abspielen. Ebenso sollen die mathematische Sprechweise, Schreibweise und Bedeutung in der Darstellung während der Bearbeitung von Aufgaben innerhalb und außerhalb der Mathematik bekannt und verstanden sein. Auch in der Bearbeitung und Beschäftigung mit mathematischen Problemen sollen allgemeine Lösungsfähigkeiten erworben und damit Mathematik als ein kreatives Handlungsfeld verstanden werden.[24]

Neben dem Bereich der Arithmetik und Algebra sind ebenso die Lernkompetenzen für die Bereiche Funktionen, Geometrie und Stochastik im Lehrplan enthalten.

---

[23] Vgl. Beschlüsse der Kultusministerkonferenz, Bildungsstandart im Fach Mathematik für den Primarbereich (Jahrgangsstufe 4) vom 15.10.2004, Abgerufen am März 8, 2021 von https://www.kmk.org/fileadmin/Dateien/veroeffentlichungen_beschluesse/2004/2004_10_15-Bildungsstandards-Mathe-Primar.pdf
[24] Vgl. Ebd.

5   Zusammenfassung und Fazit

Abschließend kann Heinrich Winter nur zugestimmt werden. Mathematikunterricht ist vielseitig und soll durchaus nicht nur fachspezifisches Wissen u.a. über die Teilbarkeit oder Primzahlen vermitteln, sondern den SuS Kompetenzzuwachs ermöglichen, mit dessen Hilfe Alltagssituationen mathematisch erschlossen werden können und infolgedessen besser gemeistert werden können. Natürlich ist jedem Mathematiklehrer auch bewusst, dass nicht jedes Thema von allen SuS einfach erschlossen werden kann und das manche der SuS Mathematik im schulischen Rahmen erleiden müssen, wie Heinrich Winter es formulierte. Glaubt man der Website www.eltern.de soll die Universität Koblenz-Landau festgestellt haben, dass etwa 65% der SuS Probleme in Mathematik haben und etwa 40% professionelle oder private Nachhilfe nehmen müssen.[25] Deshalb muss die Lehrperson nach dem Wechsel der Grundschülerinnen und -schüler besonderen Wert auf die Bedingungsanalyse legen und daraus resultierend den SuS einen Zugang zur Mathematik verschaffen, der didaktisch aufbereitet Kompetenzen fördert. Ziel ist es, die SuS im Mathematikunterricht fit zu machen für eine Welt, aus der Mathematik nicht wegzudenken ist. Und wenn es gelingt, *„daß das Lernen von Mathematik weit mehr [ist] als eine Entgegennahme und Abspeicherung von Informationen,"*[26], dann kann guter Matheunterricht gelingen, in dessen Ergebnis Teilbarkeit und Primzahlen keine Schreckgespenster für Schülerinnen und Schüler sind.

---

[25] https://www.eltern.de/schulkind/weiterfuehrende-schule/mathe-probleme.html abgerufen am 20.03.2021
[26] Winter, H. (1995). Mathematikunterricht und Allgemeinbildung. *Mitteilungen der Gesellschaft für Didaktik der Mathematik, 21*(61), 37-46. Abgerufen am März 20, 2021 von https://ojs.didaktik-der-mathematik.de/index.php/mgdm/article/view/69/80

Anhang

Rechteckszahlen

12 = ▨▨▨▨▨ ▨▨▨▨▨	3 = ▨ ▨ ▨
6 = ▨▨▨ ▨▨▨	5 = ▨ ▨ ▨ ▨ ▨
4 = ▨▨ ▨▨	7 = ▨ ▨ ▨ ▨ ▨ ▨ ▨

Teilbarkeitsregeln

(1) $1|n \wedge n|n$ für alle $n \in \mathbb{N}$;

(2) $m|n \wedge n|m \Rightarrow m = n$;

(3) $k|m \wedge m|n \Rightarrow k|n$;

(4) $m|n \Rightarrow m|t \times n$ für alle $t \in \mathbb{N}$;

(5) $k|m \wedge k|n \Rightarrow k|m + n$;

(6) $k|m \wedge k|m + n \Rightarrow k|n$.[27]

---

[27] Vgl. Scheid, H., & Schwarz, W. (2008). Elemente der Arithmetik und Algebra (5. Auflage Ausg.). Heidelberg: Spektrum. S. 7

Endziffern- und Quersummenregeln

Eine ganze Zahl ist durch 2 teilbar, wenn ihre letzte Ziffer eine 0, 2, 4, 6 oder 8 ist und damit ein Vielfaches der 2 ist.

Eine ganze Zahl ist durch 3 teilbar, wenn ihre Quersumme (die Summe ihrer Ziffern) durch 3 teilbar ist.

Eine ganze Zahl ist durch 4, wenn die letzten beiden Ziffern durch 4 teilbar sind.

Eine ganze Zahl ist durch 5 teilbar, wenn ihre letzte Ziffer eine 0 oder 5 ist.

Eine ganze Zahl ist durch 6 teilbar, wenn ihre letzte Ziffer durch 2 und ihre Quersumme durch 3 teilbar ist.

Eine ganze Zahl ist durch 8 teilbar, wenn die letzten drei Ziffern durch 8 teilbar sind.

Eine ganze Zahl ist durch 9 teilbar, wenn ihre Quersumme durch 9 teilbar ist.

Eine ganze Zahl ist durch 10 teilbar, wenn ihre letzte Ziffer eine 0 ist.

Eine ganze Zahl ist durch 12 teilbar, wenn sie sowohl durch 3 als auch durch 4 teilbar ist.

Eine ganze Zahl ist durch 15 teilbar, wenn sie sowohl durch 3 als auch durch 5 teilbar ist.

Eine ganze Zahl ist durch 25 teilbar, wenn die letzten beiden Ziffern durch 25 teilbar sind.

Eine ganze Zahl ist durch 100 teilbar, wenn ihre letzten zwei Ziffer 00 sind.

Unterrichtsentwurf:

Verlaufsplanung:

Zeitansatz	U-Phase	Lehrinhalt	Material/ Medien	Sozialform	Bemerkung
5 min	Begrüßung Wiederholung	Teilbarkeitsregeln widerholen		Unterrichtsgespräch	
7 min	Einstieg, Motivation	Thema Primzahlen nennen, Vorwissen über Primzahlen überprüfen, Geschichte von den Pferden	Arbeitsblatt 1	Unterrichtsgespräch	S. liest vor
10 min	Problematisierung, Erarbeitung	Primzahlen	Arbeitsblatt 1, Tafel	Einzelarbeit Unterrichtsgespräch	Aufgabe 1 machen, im Unterrichtsgespräch Ergebnisse an Tafel sammeln, Verständnisfragen klären
5 min	Teilsicherung	Aufgreifen Teilbarkeit, Hinführung Primzahlen	Tafel	Unterrichtsgespräch	(Aufgabe 2) Frage nach Anzahl von Kreuzen an Türen, zuerst Tür 12 Fragen danach Tür 13, Gemeinsamkeiten und Unterschiede herausarbeiten (Teilermenge), Fragen klären
5 min		Definition Primzahlen	Tafel, Hefter		
10 min	Sicherung	Zahluntersuchung	Arbeitsblatt 2	Gruppenarbeit	Definition für vorgegebene Zahlen überprüfen und entscheiden ob

					Primzahl oder nicht
5 min	Vergleichen			Unterrichtsgespräch	Lösungen vergleichen, Fehler in Klasse besprechen
5 min	Zusammenfassung	Geschichte und Def. Primzahlen aufgreifen		Unterrichtsgespräch	Welche Pferde werden ausgeritten mit Primzahldefinition begründen, eventuelle Fragen beantworten
5 min		Primzahlsieb des Erastotelkes		Lehrervortrag	Historisch Anreißen, Methode einführen an Tafel
10 min	Erarbeitung	Primzahlsieb	Arbeitsblatt 3	Einzelarbeit	Methode verstehen
5 min	Erarbeitung	Vergleichen	Arbeitsblatt 3, Tafel	Unterrichtsgespräch	Schüler stellen Ergebnisse vor, Fehler werden besprochen
	Ergebnissicherung, Zusammenfassung	Resümee, Sicherung			Möglich Stunde zu beenden mit falls Zeit vorangeschritten
Puffer (für theoretisch 18 min die verbleiben)	Erarbeitung	Primfaktorzerlegung	Tafel, Arbeitsheft, Arbeitsblatt 4		Lehrer stellt Primfaktorzerlegung vor, S. Definition lesen, Aufgaben lösen
	Ergebnissicherung, Zusammenfassung	Resümee, Sicherung			Ausblick: ggT und kgV Berechnung mithilfe der Primfaktorzerlegung

Arbeitsblatt 1:

Primzahlen

Es gab einmal einen König, der besaß 15 Pferde. Jedes dieser Pferde wollte aus seinem Stall kommen, durch die Straßen reiten und die Wachen unterstützen für Ordnung zu sorgen. Außerdem wurden sie vorher immer hübsch gemacht, was sie sehr erfreute.

Der König ließ jeden Tag 6 dieser Pferde aus dem Stall kommen. Er hatte eine Methode nach der er die Pferde auswählte. Dazu ließ er jeden der 15 Wachen Kreuze an die Stallungen machen. Die erste Wache machte an jedem Stall ein Kreuz. Die zweite Wache machte, angefangen bei dem zweiten Stall an jedem zweiten Stall ein Kreuz. Ebenso die dritte Wache. Angefangen bei Stall 3 machte sie alle drei Stallungen ein Kreuz usw.. Nach dem die 15 Pferden ausgewählt wurden, veranlasste der König alle Pferde in neue Stallungen zuzuordnen.

1. Aufgabe: Die Wachen sind gerade müde. Mache für sie die Kreuze an die Türen!

	1.	2.	3.	4.	5.	6.	7.	8.	9.	10.	11.	12.	13.	14.	15.
1. Wache															
2. Wache															
3. Wache															
4. Wache															
5. Wache															
6. Wache															
7. Wache															
8. Wache															
9. Wache															
10. Wache															
11. Wache															
12. Wache															
13. Wache															
14. Wache															
15. Wache															

2. Aufgabe: Welche Pferde werden ausgeritten? Welche Stallungen haben mehr als 2 Kreuze und warum? Welche Stallungen würdet ihr den Pferden empfehlen, damit sie am nächsten Tag Auslauf bekommen?

Definition Primzahl:

Primzahlen sind natürlichen Zahlen die nur durch eins und sich selbst restlos teilbar sind. Damit haben sie 2 Teiler. Die Zahl 2 bildet die kleinste Primzahl und ist die einzige gerade Primzahl, da jede andere Gerade Zahl ein vielfaches der 2 ist und mindestens 3 Teiler hat. Die Zahl 1 ist keine Primzahl, da sie nur einen Teiler hat.

Arbeitsblatt 2:

Aufgabe: Nicht jede Zahl ist eine Primzahl. Findet in der Gruppe die Zahlen, die eine Primzahl sind! Kreuzt anschließend euere Antwort an!

	✔	✘
8		
2		
5		
15		
7		
28		
1		
3		
35		
11		
23		
21		
49		

Arbeitsblatt 3:

Primzahlsieb des Erastotelkes

Aufgabe: Finde alle Primzahlen bis 100! Nutze dabei das Primzahlsieb des Erastotelkes.
Die 1 ist keine Primzahl, daher streiche sie durch. Die nächste Zahl ist die 2. Sie ist eine
Primzahl. Streiche alle Vielfachen der 2 durch. Nehme die nächste noch nicht weggestri-
chene Zahl und streiche ebenfalls alle Vielfachen von ihr. Wiederhole den Prozess bis zur
Zahl 11. Alle Zahlen die dann noch übrig sind, sind Primzahlen.

1	2	3	4	5	6	7	8	9	10
11	12	13	14	15	16	17	18	19	20
21	22	23	24	25	26	27	28	29	30
31	32	33	34	35	36	37	38	39	40
41	42	43	44	45	46	47	48	49	50
51	52	53	54	55	56	57	58	59	60
61	62	63	64	65	66	67	68	69	70
71	72	73	74	75	76	77	78	79	80
81	82	83	84	85	86	87	88	89	90
91	92	93	94	95	96	97	98	99	100

Arbeitsblatt 4:

Primfaktorzerlegung

Jede natürliche Zahl kann als Produkt von Primfaktoren, also Primzahlen, dargestellt werden. Die Zahl 21 kann so dargestellt werden: $21 = 3 \times 7$. Für die Zahl 11 gilt $11 = 11$, da sie bereits eine Primzahl ist.

Aufgabe: Zerlege die nachfolgenden Zahlen in ihre Primfaktoren!

$7 =$	
$9 =$	
$25 =$	
$4 =$	
$17 =$	
$12 =$	
$45 =$	
$31 =$	
$50 =$	
$3 =$	
$15 =$	
$22 =$	
$10 =$	
$42 =$	
$18 =$	
$49 =$	
$36 =$	

Literaturverzeichnis

Padberg, F. (2008). *Elementare Zahlentheorie* (3. Auflage Ausg.). Heidelberg: Spektrum.

Reiss, K., & Schmieder, G. (2005). *Basiswissen Zahlentheorie, Eine Einführung in Zahlen und Zahlbereiche.* Heidelberg, Berlin, New York: Springer.

Scheid , H. (1996). *Elemente der Arithmetik und Algebra* (3. Auflage Ausg.). Heidelberg, Berlin, Oxford: Spektrum.

Scheid, H., & Frommer, A. (2006). *Zahlentheorie* (4. Auflage Ausg.). Heidelberg, Berlin: Springer Spektrum.

Scheid, H., & Schwarz, W. (2008). *Elemente der Arithmetik und Algebra* (5. Auflage Ausg.). Heidelberg: Spektrum.

Internetquellen

Beschlüsse der Kultusministerkonferenz, Bildungsstandart im Fach Mathematik für den Primarbereich (Jahrgangsstufe 4) vom 15.10.2004, Abgerufen am März 8, 2021 von https://www.kmk.org/fileadmin/Dateien/veroeffentlichungen_beschluesse/2004/2004_10_15-Bildungsstandards-Mathe-Primar.pdf

https://www.eltern.de/schulkind/weiterfuehrende-schule/mathe-probleme.html abgerufen am 20.03.2021

Meinholdt, M., & Sanzenbacher, C. (2009). Mathematik Realschule 6. Schuljahr. Stuttgart: Klett. S. 18 f. Abgerufen am 20. 3 2021 von https://books.google.de/books?id=x0VjCAAAQBAJ&lpg=PP1&hl=de&pg=PA21&redir_esc=y#v=onepage&q&f=false

Winter, H. (1995). Mathematikunterricht und Allgemeinbildung. *Mitteilungen der Gesellschaft für Didaktik der Mathematik, 21*(61), 37-46. Abgerufen am März 20, 2021 von https://ojs.didaktik-der-mathematik.de/index.php/mgdm/article/view/69/80

BEI GRIN MACHT SICH IHR WISSEN BEZAHLT

- Wir veröffentlichen Ihre Hausarbeit,
  Bachelor- und Masterarbeit

- Ihr eigenes eBook und Buch -
  weltweit in allen wichtigen Shops

- Verdienen Sie an jedem Verkauf

Jetzt bei www.GRIN.com hochladen
und kostenlos publizieren